Emna Zouaoui
Meriam Bouachari
Chaima Hocine

Estudo das caraterísticas de um material compósito à base de PEAD

Emna Zouaoui
Meriam Bouachari
Chaima Hocine

Estudo das caraterísticas de um material compósito à base de PEAD

e pó de folhas de cato espinhoso (PFCE)Compósitos biodegradáveis de HDPE/Folha de Cato espinhoso

ScienciaScripts

RESUMO

Os compósitos estão em constante evolução para produtos mais baratos e mais resistentes, com o objetivo adicional de proteger o ambiente e a saúde pública. Por esta razão, quisemos descobrir novos biocompósitos constituídos por uma matriz de polietileno de alta densidade e um enchimento de pó de folhas de cato espinhoso. Quando incluímos pó de folha de cato espinhoso no pó de HDPE em diferentes percentagens 5%, 15%, 25%, estudámos algumas caraterísticas da mistura.

OBRIGADO

*Em primeiro lugar, agradecemos a **Deus** por nos ter dado a força e a vontade de concluir este trabalho.*

*Gostaríamos de agradecer calorosamente aos **nossos pais** por todos os seus esforços e apoio. sacrifícios que fizeram para nos verem ter sucesso. Gostaríamos também de agradecer ao nosso supervisor, a Sra. **Zouaoui Emna**, e ao nosso co-orientador**, Gouasmia Abir**, pela sua ajuda.*

*Gostaríamos também de agradecer a todos os membros da turma de **2022-2023 do Mestrado 2, Engenharia de Polímeros**, pela sua presença e pelos momentos felizes que passámos juntos. Um grande obrigado a todos os membros do júri por terem concordado em ceder algum do seu precioso tempo para partilharem os seus conhecimentos.*

*Gostaríamos também de expressar a nossa gratidão e agradecimento a todas as pessoas que nos ajudaram durante o nosso período de formação no laboratório da unidade **POLYMED CP2K em SKIKDA.** Por último, gostaríamos também de agradecer a todas as pessoas que participaram de alguma forma na realização deste projeto.*

Obrigado a todos...

DEDICAÇÃO

Graças a Deus Todo-Poderoso que me deu a coragem, a vontade e a força para realizar esta tese.
Dedico este modesto trabalho
Aos meus queridos pais pela sua paciência, amor, apoio e encorajamento
Para as minhas cunhadas Para os meus cunhados
Aos meus amigos e camaradas.
Sem esquecer todos os professores, quer do ensino primário, quer do ensino médio, secundário ou superior.
Chaima

"Com o coração cheio de amor e orgulho, dedico-vos esta modesta obra.
Ao meu pai ideal Aziz
A minha preciosa oferta do deus que sacrificou todos os seus meios e possibilidades para alcançar o meu sucesso. Podereis encontrar nesta obra o fruto de todas as vossas dores e de todos os vossos esforços.
À minha linda mãe Nacira
A fonte inesgotável de ternura, de paciência e de sacrifício. A mulher que sofreu sem me deixar sofrer, que nunca disse não às minhas exigências e que não se poupou a esforços para me fazer feliz.

Aos meus queridos irmãos Bilel, Mohamed Lamine, ABD EL Raouf, Youcef e Ismail, à minha adorável irmã Yasmina, vocês são as pessoas mais queridas do mundo.
Sem esquecer a minha companheira Chaima, que tem sido a minha companheira nesta aventura educativa. Partilhar estes momentos de estudo e de trabalho foi uma experiência memorável e uma amizade sincera.
MERIEM

ÍNDICE DE CONTEÚDOS

INTRODUÇÃO GENERALIDADES

Nas últimas décadas, os plásticos tornaram-se uma parte importante da vida quotidiana. Infelizmente, a fácil degradação destes materiais, que são derivados do petróleo, um recurso natural esgotável, tem-se tornado cada vez mais um grande problema [1-2]. Atualmente, a necessidade de materiais adequados está a aumentar constantemente, obrigando as pessoas a combinar dois ou três componentes diferentes para criar novos produtos com propriedades melhoradas. De facto, a combinação de componentes com caraterísticas complementares dá origem a propriedades atractivas que são indispensáveis em determinadas aplicações. Os materiais obtidos desta forma são designados por "compósitos". São atualmente uma área chave da investigação científica [3,4]. Os compósitos de fibras vegetais são atualmente muito procurados em vários sectores, nomeadamente o das embalagens, devido à sua biodegradabilidade.

Os materiais compósitos são, por definição, uma combinação de dois ou mais componentes com estruturas diferentes, permitindo obter um certo número de propriedades superiores às de cada componente isoladamente. São constituídos por um reforço e uma matriz polimérica. Esta combinação desempenha um papel importante na melhoria de várias propriedades mecânicas, químicas, físicas, etc. Entre os polímeros termoplásticos utilizados nos compósitos encontra-se o polietileno de alta densidade (PEAD), que pertence à família das poliolefinas e que se impôs em numerosas aplicações graças às suas propriedades intrínsecas, constantemente melhoradas pelo desenvolvimento de novos processos de fabrico [5].

Os plásticos são materiais estáveis que se decompõem muito lentamente na natureza (cerca de 400 anos). A incineração destes plásticos petroquímicos é também muito poluente, libertando grandes quantidades de CO_2 e outros gases tóxicos prejudiciais ao ambiente e à saúde humana. Neste projeto de fim de curso, preparámos materiais compósitos à base do polímero termoplástico "polietileno de alta densidade (PEAD)" reforçado com uma carga de pó de folha de cato (PFCE) em diferentes percentagens. O principal objetivo deste trabalho é preparar um novo biomaterial com boas caraterísticas e muito compatível com o ambiente, a fim de minimizar ao máximo a taxa de resíduos e conseguir uma revolução no domínio dos compósitos.

Este trabalho está dividido em cinco capítulos, como se segue: O primeiro capítulo apresenta a definição de um PE, a sua estrutura química e a sua classificação. Em segundo lugar, este capítulo contém uma descrição pormenorizada dos principais processos de síntese do polietileno de alta densidade (PEAD) e das suas propriedades.O segundo capítulo é dedicado a uma revisão da literatura que abrange informações gerais sobre materiais compósitos, sua classificação, vantagens e desvantagens. No terceiro capítulo, apresentamos uma visão geral das fibras naturais, em particular das fibras vegetais, sua classificação, estrutura e composição química, propriedades e aplicações.

No quarto capítulo mencionámos os diferentes materiais utilizados neste estudo. Por outro lado, apresentámos o processo de preparação das matérias-primas, bem como o protocolo de processamento utilizado no fabrico dos compósitos. Este capítulo inclui também os principais métodos utilizados para caraterizar os compósitos preparados. O último capítulo contém os vários resultados obtidos e uma discussão pormenorizada. Por fim, apresentamos uma conclusão geral

Referências

[1] D. C. Miles e J. H. Briston, Technologie des polymères, Dunod, Paris, 1968.
[2] P. Combette e I. Ernoult, Physique des polymères, Tome 1, Hermann, Paris, 2005.
[3] S. Nekkaa, M. Guessoum e N. Haddaoui, Comportamento de absorção de água e propriedades de impacto de compósitos de fibra de spartium junceum, Int. J. Polym Mater, Vol. 58, 2009, pp. 468-481.

[4] H. Kim, J. Biswas e S. Choe, Effects of stearic acid coating on zeolite in LDPE, LLDPE, and HDPE composites, Polym. Korea, Vol. 47, 2006, pp. 3981-3992.

[5] S. Meriem. "Elaboração e caraterização de compósitos híbridos HDPE/fibras recicladas. /Montmorillonite organofílica: Estudo dos efeitos da composição e tratamento superficial da fibra de PET". Tese de Mestrado em Engenharia de Polímeros. Université Ferhat Abbes Sétif 1, 2014.

CAPÍTULO I
POLIETILENO DE ALTA DENSIDADE (HDPE)

I.1 Introdução

O polietileno (PE) é um polímero amplamente utilizado e ocupa uma posição muito dominante na vida quotidiana. É geralmente utilizado em todos os sectores industriais, sem exceção, e mais particularmente no domínio das condutas de água potável e de gás. O conhecimento das diferentes propriedades deste material é essencial, e o seu consumo mundial está a aumentar rapidamente. Neste primeiro capítulo, apresentamos a definição de um PE, a sua estrutura química e a sua classificação. Em segundo lugar, este capítulo contém uma descrição pormenorizada dos principais processos de síntese do polietileno de alta densidade (PEAD) e das suas propriedades.

I.2 O poliolefinas

As poliolefinas são materiais derivados da polimerização de olefinas, ou seja, monómeros de hidrocarbonetos com a fórmula geral $H C=CR_{21} R_2$. Or' R_1 e R_2 são grupos tais como: H; CH2; -CH2 -CH-(CH3)2... As principais poliolefinas industriais são : Polietilenos (PE); polipropilenos (PP) e poliisobutilenos (P-IB) [1].

I.3 O Polietileno

I.3.1 Definição

O polietileno (PE) é o plástico mais sintético do mundo. Pertencente à família das poliolefinas, o PE é um material termoplástico semi-cristalino [2]. É obtido através da polimerização do etileno. A Figura I.1 mostra a reação de polimerização do etileno.

$$nH_2C=CH_2 \xrightarrow{\text{Polymérisation}} \cdots CH_2-CH_2-CH_2-CH_2\cdots$$

$$\left[CH_2-CH_2\right]_n$$

Monomère :
éthylène

Polymère :
polyéthylène

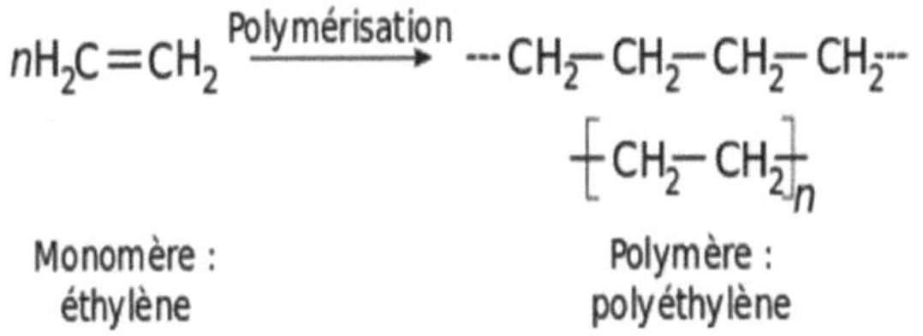

Figura I.1: Polimerização do polietileno [2].

I.3.2 A estrutura de polietileno

A estrutura química do polietileno é apresentada na Figura I.2 :

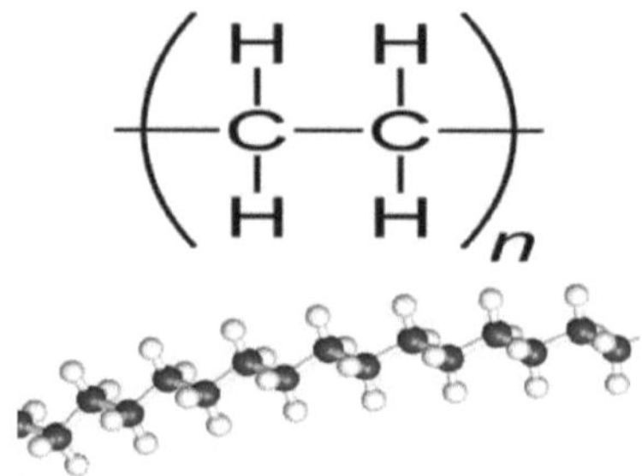

Figura I.2: Esquema da estrutura química do polietileno [3].

I.3.3 Classificação de polietilenos

Os PEs são classificados de acordo com o tipo de polimerização em três categorias: Polietileno Linear de Baixa Densidade (LLDPE), Polietileno de Baixa Densidade de Alta Pressão e Polietileno de Alta Densidade (HDPE).

• Polietileno linear de baixa densidade (LLDPE)

Os polietilenos lineares de baixa densidade são obtidos por copolimerização do etileno e de uma ou mais olefinas (buteno-1, hexeno-1, octeno-1, tetrametil-4-penteno-1) a uma pressão inferior a 107 Pa, na presença de catalisadores do tipo Ziegler ou Phillips [4]. Estes produtos têm caraterísticas semelhantes às dos polietilenos com base em densidades de alta pressão (densidade variando de 0,9 a 0,94 e um ponto de fusão variando de 115-128°C).

• Polietileno de baixa densidade e alta pressão

O polietileno de baixa densidade e alta pressão é um polímero com ramificações longas e curtas fabricado por iniciação radical utilizando processos de alta pressão com uma densidade de 0,910 a 0,935 g/cm^3 [5].

• Polietileno de alta densidade (HDPE)

O polietileno de alta densidade, também conhecido como polietileno de "baixa pressão", é obtido por polimerização em condições menos severas do que o LDPE, com uma pressão de polimerização inferior a 50 bar e uma temperatura de cerca de 100°C.

O PEAD tem uma cristalinidade de 93% e uma temperatura de fusão entre 130°C e 145°C. As cadeias do PEAD são muito mais alinhadas do que as do PEBD, o que explica a sua elevada densidade (0,96 g/cm^3) [6].

I.3.4 Polietileno de alta densidade (HDPE)

I.3.4.1 História

O polietileno de alta densidade é produzido através da polimerização do etileno a baixa pressão, isoladamente ou com cosmónomos. As primeiras unidades de produção datam de meados da década de 1950. A primeira foi construída em 1955 pela Phillips no Texas. Em seguida, a Hoechst pôs em funcionamento a primeira unidade utilizando o processo Ziegler em 1956. Na década de 1960, foram introduzidas melhorias no processo Ziegler com a utilização de catalisadores super-activos, eliminando a necessidade de remoção dispendiosa dos resíduos catalíticos. Os desenvolvimentos mais recentes provêm dos processos de polimerização em fase gasosa

A BASF construiu a sua primeira unidade em 1964, a Union Carbide melhorou definitivamente o processo em fase gasosa e industrializou-o na década de 1980, e atualmente muitos licenciados utilizam esta tecnologia. Outros processos em fase gasosa foram subsequentemente desenvolvidos e melhorados [7].

I.3.4.2 Descrição geral (HDPE)

O PEAD é um produto [8] :

► Termoplástico comercial semi-cristalino, esbranquiçado e semi-opaco.
► O polímero mais simples e menos dispendioso.
► Um material amigo do ambiente: o seu fabrico é limpo, produz poucos resíduos e não emite substâncias nocivas; é 100% reciclável e requer muito pouco processamento.

energia.

I.3.5 Propriedades do Polietileno de Alta Densidade

O PEAD é uma família de materiais poliméricos com propriedades químicas, físicas, mecânicas, térmicas, eléctricas e reológicas únicas.

I.3.5.1 Propriedades mecânicas

A 23°C, os PEAD estão acima da sua temperatura de transição vítrea (Tg = -100°C) e a sua fase amorfa é borrachosa, o que afecta as suas propriedades mecânicas (**Tabela I.1**) [9].

Tabela I.1. Propriedades mecânicas dos polietilenos de alta densidade [9].

Propriedades	Unidades	PEAD
Densidade	g/cm3	2:0,955
Índice de fluidez (190° c)	g/10min	O,3-18
Tensão no ponto de cedência (tração)	MPa	25-30
Resistência à rutura	MPa	30-35
Alongamento de rutura	%	500-1100
Módulo de elasticidade à tração	MPa	800-1100

I.3.5.2 Propriedades físicas

Os polietilenos de alta densidade são opacos em camadas espessas e transparentes em películas. O aumento da cristalinidade resulta numa diminuição da estabilidade e da difusividade (**Quadro I.2**) [10].

Tabela I.2: Propriedades físicas do PEAD [9].

Transmissão de luz	Densidade g/cm3	Absorção de água %	Taxa de cristalinidade %
Errado	0 ,95	0,01	70 à 80

I.3.5.3 Propriedades químicas

Os polietilenos de alta densidade são muito estáveis do ponto de vista químico. A temperaturas inferiores a 60°C, são praticamente insolúveis e não são atacados por ácidos (exceto agentes oxidantes), bases ou soluções salinas. São insolúveis na água, mas no seu estado natural são sensíveis à ação da luz ultravioleta na presença de oxigénio. São sensíveis ao fogo e à fissuração sob tensão na presença de sabão, álcool, etc. [9].

I.3.5.4 Propriedades térmicas

O ponto de fusão do PEAD situa-se entre 120 e 136°C. A condutividade térmica e o coeficiente de expansão térmica linear são uma função do grau de cristalinidade e são mais elevados para os homopolímeros do que para os copolímeros [11].

I.3.5.5 Propriedades reologia

No seu estado fundido, o PEAD apresenta um comportamento viscoelástico não linear, o que significa que a sua viscosidade diminui com o aumento do cisalhamento. Durante a extrusão, o polietileno é sujeito a um gradiente de taxa de cisalhamento desde o cilindro da extrusora até à matriz. Por conseguinte, é importante conhecer a curva viscosidade-taxa de cisalhamento em toda a gama de cisalhamento. A medição do índice de fluxo da massa fundida (MFI) fornece uma estimativa da viscosidade a uma determinada taxa de cisalhamento [11].

I.3.5.6 Propriedades eléctricas

O PEAD tem excelentes propriedades de isolamento elétrico, independentemente do seu peso molecular e cristalinidade. A sua baixa permissividade relativa e o seu baixo fator de dissipação dieléctrica fazem dele um material de eleição para o isolamento elétrico [12].

I.3.6   Aplicações HDPE

O PEAD tem uma gama muito vasta de aplicações, por exemplo [13] :

❖ **Agricultura**
• Filmes ;
• Redes de pesca ;
• Tubos de irrigação ;
• Caixas.
❖ **Embalagem**
• Alimentos (latas de óleo) ;
• Cosméticos ;
• Produtos de limpeza.
❖ **Indústria**
• Tubagens de gás natural e de água ;
• Peças técnicas e para automóveis ;
• Contentores.

I.3.7 Vantagens e desvantagens do PEAD

Os PEAD têm uma série de vantagens, mas também têm desvantagens [13].

a / Benefícios

• Fácil de instalar ;

• Excelentes propriedades de isolamento elétrico ;

• Resistência ao impacto ;

• Elevada inércia química ;

• Qualidade dos alimentos ;

• Perda da permeabilidade dos PEs, não só à água, mas também ao ar e ao vapor de água.

• Hidrocarbonetos.

b / Desvantagens

• Sensibilidade aos UV na presença de oxigénio ;

• Sensibilidade à fissuração por tensão ;

• Fraca resistência ao calor ;

• Ligação forte.

I.3.8 Cycle de vie de PEHD

A produção de tubos PEAD não liberta quaisquer resíduos para o ambiente. Os resíduos de produção são totalmente reciclados no local, e a água utilizada para arrefecer os tubos produzidos circula num circuito fechado, pelo que não há descargas ambientais com que se preocupar. O polietileno é o material mais utilizado no mundo pela sua fiabilidade. É um material extremamente resistente, o que explica o facto de poder ser utilizado em todos os climas e de os recursos hídricos poderem ser consideravelmente conservados [14].

I.3.9 Reciclagem de PEAD

O polietileno de alta densidade é um material 100% reciclável que não necessita de qualquer reprocessamento específico no final da sua vida útil. Pode ser triturado e utilizado noutras aplicações. Também pode ser recuperado por incineração com recuperação de energia [15].

I.3.10   Unidade de produção (PEAD)

A unidade de produção de polietileno de alta densidade (PEAD) está localizada no complexo CP2K, na costa, a cerca de 6 km a leste da wilaya de Skikda, a uma altura média de cerca de 6 metros acima do nível do mar [16]. Esta unidade tem uma capacidade de produção de 130 000 t/ano na zona industrial de Skikda e compreende uma única linha de produção [17].

As principais matérias-primas utilizadas pelo complexo são :

- Etileno proveniente da vizinha CP1K ou etileno importado

- Isobutano de GL1K, também localizado nas proximidades.

- hexeno

- O catalisador

I.4 Conclusão

O polietileno de alta densidade (PEAD) tem vindo a receber, desde há muitos anos, uma atenção redobrada em diversas aplicações devido às suas propriedades intrínsecas. Neste capítulo, apresentamos uma descrição geral dos processos de tratamento deste polímero, bem como as suas principais caraterísticas. Foi também desenvolvida uma apresentação da estrutura da unidade de produção de PEAD na wilaya de Skikda, na Argélia.

Referências :

[1]J. P. TROTIGNE, J. VERDU, A. DOBRACZ e M. PIPERAND, "Plastics, Structures, propriétés, mise en œuvre, normalisation", Nathan, Paris, (1996), pp: 53-156.

[2]J. M. Berthelot, Matériaux composites comportement mécanique et analyse des structures, 4ª edição, Lavoisier, 2005, pp. 1-63.

[3]"Polietileno". http://fr.wikipedia.org/wiki/Polyéthylène.

[4]M.M, Jérôme. "Synthèse et caractérisation de silicates de calcium hydratés hybrides", tese de doutoramento, Universidade de Paris URF scientifique d'Orsay, Paris, 2003.

[5]S, Fûzesséry. Polietileno de baixa densidade, Techniques de l'ingénieur, A 3310,1-34.

[6]S.Sofiane, "contribuição para o estudo experimental de um polietileno de alta densidade (PEHD) - efeito da temperatura e da velocidade de deformação", tese de mestrado; opção: matériaux avances, universidade de chalef, 2006.

[7]H.Amina-L.Zaineb,<<Etude .l'effet de quelque charge végétales sur les propriétés du polyéthylène haute densité PEHD>>.mémoire de master 2 génie des polymers ,Skikda universities 2919-2020.

[8]B.Seddik,G.Farid<<Contribuição para o estudo experimental de um polietileno de alta densidade (PEHD) - Efeito da temperatura e da velocidade de deformação>>mémoire de magister en matériaux avances, universités de Badji Mokhtar Annaba 2007.

[9]F. Montagne e G. W. Ehrenstein, Polymeric materials. Structure, properties and application, publicação Hermès Science, 2000.

[10] Catálogo do Grupo Chiali, Sede e Direção Geral, Chiali Tubes / Société de Transformation de Plastique et Métaux, Zone Industrielle. Voie A. Bp 160 Sidi Bel Abbès, 22000Algérie.

[11] A.Hanane, B.Dounia "Influência dos aditivos (negro de fumo) na qualidade do polietileno de alta densidade", projeto profissional de fim de formação para a licenciatura em engenharia, escola IAP-Boumerdes, 2017.

[12] M. Fontanille, P. Vairon ; Polimerização ; Ed. Techniques de l'ingénieur, Traité plastiques et composites ; (A3 040).

[13] "Knowledge of polyethylene", documentação técnica ELF ATCHEM, outubro de 1995.

[14] S. Thomas, M.J. Jacob, B. Francis, K.T. Varughese, "Effect of chemical modification on properties of hybrid fiber bio-composites". Composites: Parte A, 2008, Vol. 39 (2).

[15] C.Hacene. "Síntese e caraterização de compósitos HDPE/CaCO3". Tese de Mestrado em Análise Química em Controlo Industrial e Ambiente, Universidade de 20 de agosto de 1955 Skikda, 2011.

[16] Lyes BOUDIAF, Sontrach une compagnie pétrolier et gazière intégrée, Direção Geral, página "8-10".

[17] H. Annab, A. Segueni "INFLUÊNCIA DOS ADITIVOS (SILÍCIO) NAS PROPRIEDADES DO POLIETILENO DE ALTA DENSIDADE (HDPE 5502)" SONATRACH CP2K SKIKDA", tese de mestrado, Universidade de Larbi BenM'hidi Oum El Bouaghi, 2019.

CAPÍTULO II

INFORMAÇÕES GERAIS SOBRE MATERIAIS COMPÓSITOS

II.1 Introdução

Há quase um século que o estudo e a conceção de materiais compósitos suscitam um grande interesse em vários domínios da química moderna. O seu desempenho é frequentemente muito superior ao dos materiais homogéneos, o que abre perspectivas muito promissoras para a sua utilização [1]. Esta parte do manuscrito apresenta uma revisão da literatura que abrange informações gerais sobre materiais compósitos e as suas classificações.

II.2 Definição

Num sentido muito lato, a palavra "compósito" significa "constituído por duas ou mais partes diferentes". Um compósito é também definido como um material que combina pelo menos dois componentes que não são miscíveis mas que têm uma elevada capacidade de adesão. A combinação destes elementos resulta num material cujas propriedades são superiores às dos elementos considerados separadamente [2,3]. Os materiais compósitos não são novos; são utilizados pelo homem desde a antiguidade, como a madeira e o sabugo, que são materiais utilizados no quotidiano [4].

II.3 Componentes de materiais compósitos

Em geral, os principais constituintes de um material compósito são :

► A matriz.
► Reforço.
► Enchimentos e aditivos.

A **figura II.1** mostra os constituintes de um material compósito.

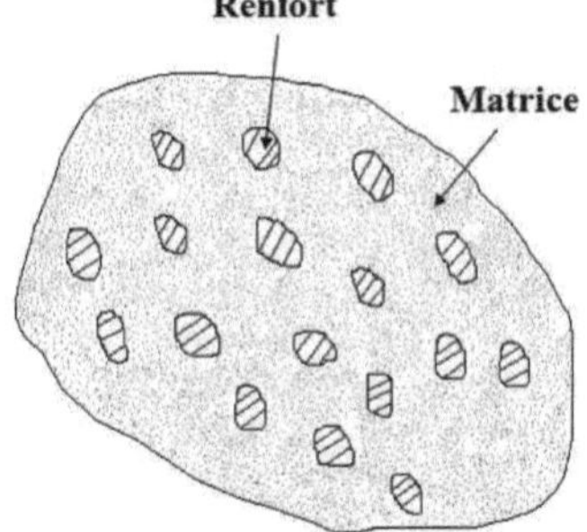

Figura II.1: Os constituintes de um material compósito [5].

II.3.1 A matriz

A matriz é o elemento que une e mantém unidas as fibras. Distribui as tensões (resistência à compressão ou à flexão) e proporciona proteção química às fibras. A Figura II.2 [5] apresenta uma classificação dos tipos de matrizes normalmente encontrados.

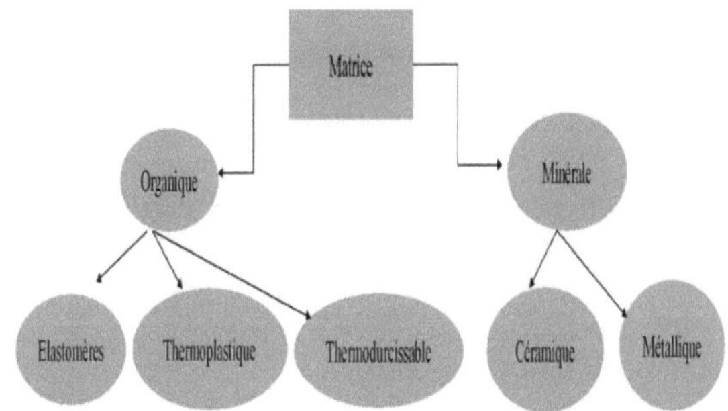

Figura II.2: Fluxograma dos diferentes tipos de matrizes.

II.3.2 Reforço

É o principal portador constituinte do compósito (forma, volume). Confere aos compósitos as suas caraterísticas mecânicas: rigidez, resistência à rutura e dureza. Os reforços podem ser minerais (vidro, boro, cerâmica, etc.) ou orgânicos (poliéster ou aramida). As fibras de vidro e de carbono são as mais utilizadas [5].

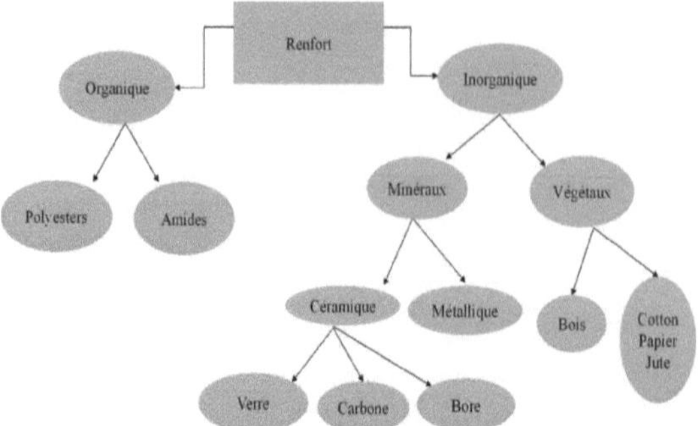

Figura II.3: Fluxograma da classificação das armaduras segundo a sua origem [5].

II.3.3 O objetivo da incorporação de um aditivo num polímero

As propriedades intrínsecas de um objeto (micrométricas ou nanométricas) podem ser utilizadas para conferir ao material propriedades específicas, tais como propriedades magnéticas ou eléctricas, e/ou para modificar as suas propriedades térmicas, mecânicas ou ópticas [6].

II.4 Classificação dos materiais compósitos

Os compósitos podem ser classificados de acordo com a forma dos componentes ou a sua natureza [7].

II.4.1 Classificação por forma constitutiva

Dependendo da forma dos componentes, os compósitos são classificados em duas grandes classes:
· Materiais compósitos de fibras.
·Materiais compósitos de partículas.

II.4.1.1 Compósitos de fibras

Um material compósito é um compósito de fibras se o reforço tiver a forma de fibras. As fibras utilizadas podem apresentar-se sob a forma de fibras contínuas ou sob a forma de fibras descontínuas, fibras curtas, fibras cortadas, etc. A disposição das fibras e a sua orientação permitem modular as propriedades mecânicas dos materiais compósitos, de modo a obter materiais que vão de altamente anisotrópicos a anisotrópicos num plano. A importância dos compósitos de fibras justifica um estudo exaustivo do seu comportamento mecânico [7].

II.4.1.2 Compósitos de partículas

Diz-se que um material compósito é à base de partículas quando o reforço se apresenta sob a forma de partículas. Uma partícula, ao contrário de uma fibra, não tem uma dimensão preferencial. As partículas são geralmente utilizadas para melhorar determinadas propriedades do material, como a rigidez, a resistência à temperatura, a resistência à abrasão, etc. A escolha da combinação matriz/partícula depende das propriedades desejadas do compósito [7, 8].

II.4.2 Classificação de acordo com a natureza dos constituintes

Dependendo da natureza da matriz, os materiais compósitos são classificados como compósitos de matriz polimérica, de matriz metálica ou de matriz mineral. A estas matrizes estão associados vários reforços [9, 10].

II.4.2.1 Compósitos de matriz polimérica

Os polímeros caracterizam-se por uma baixa densidade, uma resistência mecânica relativamente baixa e uma elevada deformação na rutura. As principais vantagens destes compósitos são o processo de fabrico relativamente maduro e o baixo peso. Este tipo de compósito foi desenvolvido principalmente para aplicações aeronáuticas onde a redução de peso é essencial.

II.4.2.2 Compósitos de matriz metálica

Nestes compósitos, os materiais metálicos, como o alumínio e o titânio, são reforçados por reforços geralmente não metálicos, frequentemente cerâmicos. Devido à própria natureza do compósito, os compósitos de matriz metálica têm melhores propriedades mecânicas ou são mais adaptáveis à carga do que as suas matrizes monolíticas. As suas aplicações em motores de automóveis estão bem estabelecidas.

II.4.2.3 Compósitos de matriz mineral (cerâmica)

As matrizes cerâmicas, como o vidro e o carboneto de silício (SiC), podem ser combinadas com reforços como os metais, o carbono e a cerâmica. O seu desenvolvimento tem por objetivo melhorar as propriedades mecânicas, como a tenacidade e a resistência ao choque térmico das cerâmicas monolíticas. Estes compósitos são utilizados em ambientes agressivos, tais como motores de foguetões, escudos térmicos e turbinas a gás [11]. Existem também dois tipos de compósitos para mercados diferentes [12]:

- Materiais compósitos "produzidos em massa", que têm propriedades mecânicas mais fracas, mas um custo compatível com a produção em massa.
- materiais compósitos de "elevado desempenho", com propriedades mecânicas específicas elevadas e um custo unitário elevado. Estes são os materiais mais comummente utilizados na indústria aeroespacial.

II.5 Estrutura dos materiais compósitos

As estruturas de materiais compósitos podem ser classificadas em três tipos [13] :

• Monocamadas.

• Laminados.

• Sanduíches

II.5.1 Monocamada

As monocamadas são os elementos básicos das estruturas compósitas. As fibras unidireccionais colocadas no plano médio são embebidas numa matriz polimérica. Caracterizam-se pelo tipo de reforço utilizado: fibras longas (unidireccionais ou não), fibras curtas, sob a forma de tecidos ou fitas [14].

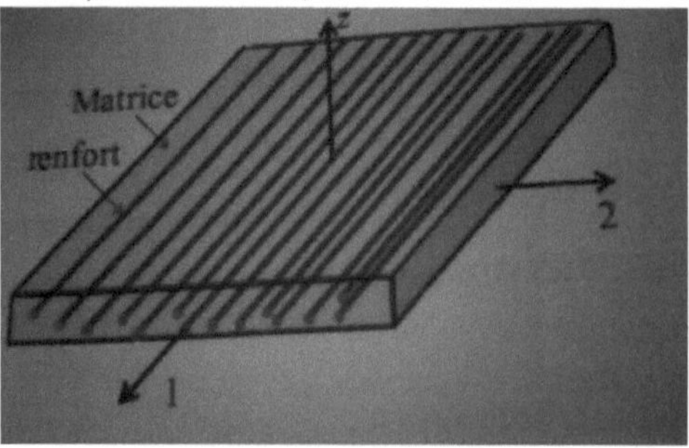

Figura II.4: Camada composta.

II.5.2 Laminado

Um laminado é constituído por uma pilha de monocamadas, cada uma das quais tem a sua própria orientação relativamente a um quadro de referência comum a todas as camadas e designado por quadro de referência do laminado. A escolha do empilhamento e, mais especificamente, das orientações, conferirá ao laminado propriedades mecânicas específicas [13].

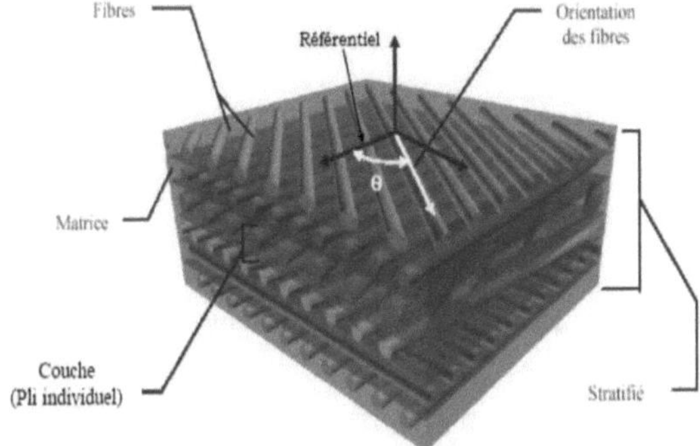

Figura II.5: Laminados compósitos [13].

II.5.3. Sanduíches

As estruturas compósitas sujeitas a tensões de flexão ou de torção são geralmente feitas de materiais em sanduíche. Uma estrutura em sanduíche é constituída por um núcleo e dois revestimentos feitos de materiais compósitos. Estas são coladas entre si utilizando uma resina compatível com os materiais envolvidos. Os núcleos mais comummente utilizados são em favo de mel, ondulado ou espuma. As peles são geralmente feitas de estruturas laminadas [13].

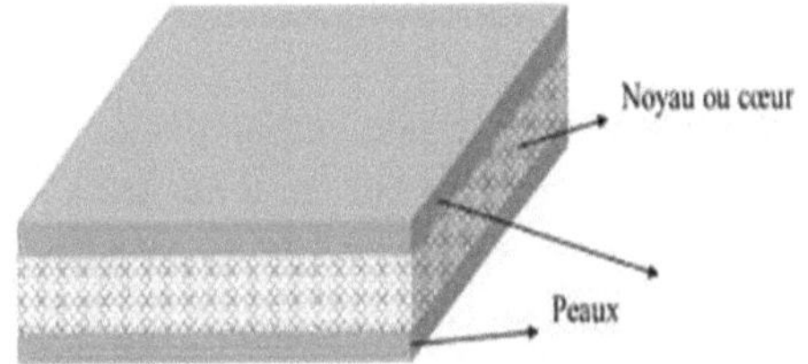

Figura II.6: Estrutura dos compósitos em sanduíche

II.6. Vantagens e desvantagens dos materiais compósitos

II.6.1 As vantagens dos materiais compósitos :

Os compósitos são preferidos a outros materiais porque oferecem vantagens em termos de :
*A sua leveza
*A sua resistência à corrosão e à fadiga.
*São insensíveis a produtos como massas lubrificantes, fluidos hidráulicos, tintas e solventes.

* A sua capacidade d e assumir várias formas, incorporar acessórios e permitir a redução do ruído [14].

II.6.2   As desvantagens dos materiais compósitos

No entanto, a sua propagação tem alguns inconvenientes:
* Os custos das matérias-primas e dos processos de fabrico.
*Gestão dos resíduos e regulamentação cada vez mais rigorosa [14].

II.7. Aplicações para materiais compósitos

Atualmente, os materiais compósitos desempenham um papel importante em vários domínios:

■ Eletricidade e eletrónica,
■ Construção e obras públicas,
■ Transportes rodoviários, ferroviários, marítimos, aéreos e espaciais (nomeadamente militares),
■ Saúde (instrumentação médica) [15].

II.8 Conclusão :

Os materiais compósitos são muito variados, estão disponíveis em todo o lado e conhecem atualmente uma grande expansão em todos os domínios de aplicação. As suas caraterísticas dependem diretamente da escolha dos constituintes. Esta secção define os materiais compósitos de uma forma geral e, em particular, os seus tipos, propriedades e áreas de aplicação.

Referências

[1] D. Roy, S. Massey, A. Adnot e A. Rjeb, Ação da água na degradação do polietileno de baixa densidade estudada por espetroscopia de fotoelectrões de raios X, Express Polym. Lett, Vol. 1, 2007,pp. 506-511.

[2] J. M. Berthelot, Matériaux composites comportement mécanique et analyse des structures, 4ª edição, Lavoisier, 2005, pp. 1-63.

[3] S. Étienne, D. Laurent, E. Gaudry, P. Lagrange, J. Le dieu e J. Steinmetz, Les matériaux de A à Z, Dunod, 2008, pp. 54-63.

[4] D. Gay, Composite Materials, 5ª edição, Lavoisier, Paris, 2005, pp. 19-260.

[5] B. Bouchra "Caracterização de um material compósito laminado de fibra de vidro/epóxi em flexão estática de 3 pontos". Tese de mestrado em Engenharia Mecânica, Universidade Badji Mokhtar Annaba, 2018.

[6] B. Sabrina e LOUCHI Soumaya. "L'effet de l'incorporation d'une charge végétale (Cyprès) sur Les propriétés de PEHD". Tese de Mestrado em Engenharia de Polímeros, Universidade 20 de agosto de 1955 Skikda, 2019.

[7] B. Ringuette. Materiais compósitos à base de fibras de cânhamo. Tese de mestrado. Université Laval- Québec, 2011.

[8] J.M. Berthelot. Materiais compósitos: Comportamento mecânico e análise de estruturas. 5ª ed, Technique et documentation, Lavoisier : Paris, 2005.

[9] M. Geier, D. Duedal. Guia prático dos materiais compósitos. Técnica e documentação, Lavoisier: Paris, 1985.

[10] W. Kurz, J. P. Mercier, G. Zambelli et al, Traité des matériaux : Introduction à la science des matériaux. Presses Polytechniques et Universitaires Romandes: Paris, 1995.

[11] Z. Gürdal, R.T. Haftka, P. Hajela. Design e otimização de materiais compósitos laminados. Publicação Wiley-Interscience: Canadá, 1999.

[12] M. Reyne. Tratado de Plásticos e Compósitos, Paris: Techniques de l'Ingénieur: Paris, AM 5002, 1998, p. 1-6.

[13] M. Haddadi. Estudo numérico com comparação experimental das propriedades termoplásticas de materiais compósitos de matriz polimérica. Dissertação de mestrado. Université Al Hadj Lakhdar-Batna, 2011.

[14] K.Abd raouf. "Efeito dos parâmetros de elaboração no comportamento mecânico de um bio-compósito". Tese de mestrado em engenharia mecânica.

Universidade Mohamed Boudiaf M'sila, 2016.

[15] : B. Bouchra. "Caracterização de um material compósito laminado de fibra de vidro/epóxi em flexão estática de 3 pontos". Tese de mestrado em Engenharia Mecânica, Universidade Badji Mokhtar Annaba, 2018.

CAPÍTULO III
INFORMAÇÕES GERAIS SOBRE AS FIBRAS VEGETAIS

III.1 Introdução

Nas últimas décadas, as fibras naturais têm recebido cada vez mais atenção, tanto do mundo académico como de várias indústrias, nos diferentes domínios dos compósitos. São amplamente utilizadas porque estão prontamente disponíveis, pelo que a sua utilização potencia os recursos locais de um determinado país, respeitando o ambiente [1]. Este capítulo apresenta uma visão geral das fibras naturais, em particular das fibras vegetais, a sua classificação, estrutura e composição química, propriedades e aplicações.

III.2 Definição de fibras naturais

As fibras naturais são produzidas a partir de plantas, animais ou minerais e não são transformadas quimicamente. Pode dizer-se que, para além das transformações mecânicas efectuadas na matéria-prima para a converter em fibra, não houve qualquer modificação [2].

III.3 Classificação das fibras naturais

A maioria das fibras naturais é de origem vegetal, animal ou mineral.
De origem vegetal: extraídos de plantas, frutos e árvores, como o algodão, o linho, a juta e o cânhamo, etc.

Animal: extraído do pelo de animais como ovelhas, cabras, lhamas, etc.
Mineral: os minerais com uma textura fibrosa encontram-se na natureza e são materiais tóxicos, como o amianto [3].

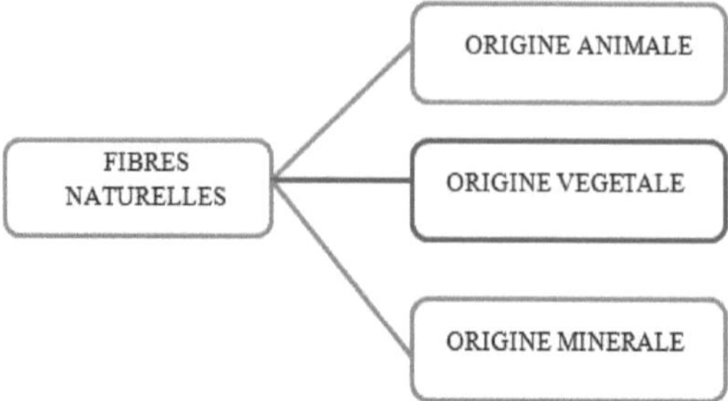

Figura III.1: Classificação das fibras naturais.

III.4 Fibras vegetais :

III.4.1 Definição de uma fibra vegetal

A fibra vegetal é uma estrutura biológica fibrilar composta por celulose, hemicelulose e lenhina, com uma proporção relativamente pequena de matéria extraível não nitrogenada, proteína bruta, lípidos e matéria mineral. A proporção destes constituintes depende em grande medida da espécie, da idade e dos órgãos da planta **[4]**.

III.4.2 Classificação das fibras vegetais

As fibras vegetais são divididas em quatro grupos de acordo com a sua origem: folha, caule, madeira e fibras superficiais **[5]**. **A figura III.2** mostra as principais classes de fibras vegetais.

Fibras foliares: estas fibras são obtidas através da rejeição de plantas monocotiledóneas. São fabricadas por sobreposição dos feixes que envolvem as folhas para as reforçar. Estas fibras são duras e rígidas. Os tipos de fibras foliares mais cultivados são o sisal e a abacá **[6]**.

Fibras do caule: as fibras do caule provêm dos caules das plantas dicotiledóneas. A sua função é conferir uma boa rigidez aos caules das plantas. São comercializadas sob a forma de feixes de chifres e em qualquer comprimento. As fibras do caule mais utilizadas são a juta, o linho, o rami, o kenaf e o cânhamo **[7]**.

Fibra de madeira: A fibra de madeira provém da trituração de árvores como o bambu ou as canas. São geralmente curtas **[6; 8]**.

Fibras superficiais: As fibras superficiais envolvem geralmente a superfície do caule, do fruto ou do grão. As fibras superficiais dos grãos são o maior grupo desta família de fibras. Exemplos incluem o algodão e o côco (coco) **[9]**.

Fibras de seiva: como o látex ou a borracha (seringueira) **[10]**.

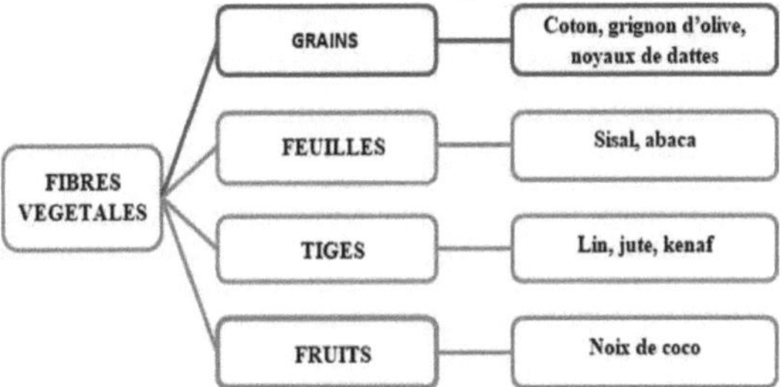

Figura III.2: Classificação das fibras vegetais.

III.4.3 A estrutura de uma fibra vegetal

A fibra vegetal pode ser comparada a um material compósito cujo reforço é fornecido por fibrilas de celulose embebidas numa matriz formada por hemicelulose e lenhina, que é uma estrutura muito rígida **[11]**. As fibrilas estão dispostas em hélice e formam um ângulo com o eixo da fibra conhecido como "ângulo das microfibrilas".

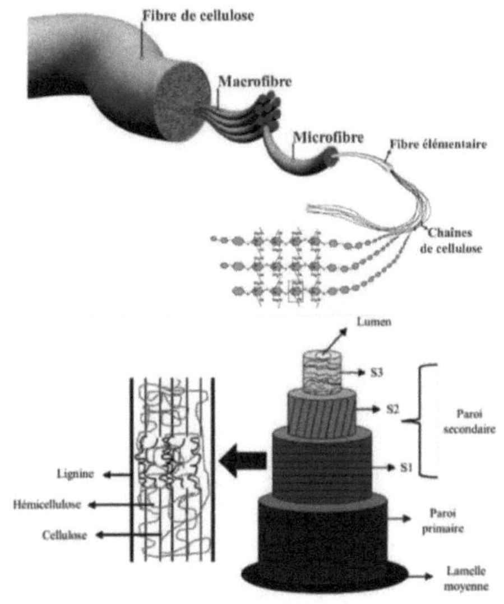

Figura III.3: A estrutura de uma fibra vegetal.

III.4.4A composição química de uma fibra vegetal

A biomassa vegetal é constituída por várias macromoléculas que estão intimamente ligadas entre si na parede vegetal. No caso dos caules das fibras vegetais, existem três compostos principais nas suas paredes: celulose, hemiceluloses e lenhinas. A lenhina actua como uma matriz de revestimento da celulose, que é uma estrutura muito rígida [1], e as hemiceluloses actuam como um agente de contabilidade na interface entre estes dois elementos [12]. Estes três constituintes principais são completados por substâncias de baixo peso molecular, extractáveis e cinzas [12, 13].

A. Celulose

É o principal componente das fibras vegetais. É um dos principais polímeros naturais. Em geral, as fibras vegetais são constituídas por uma cadeia de fibras de celulose [14].

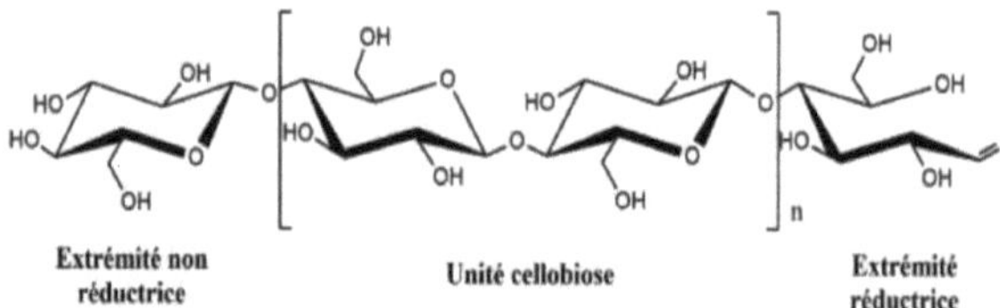

Figura III.4: Representação da cadeia de celulose.

B. Hemicelulose

A hemicelulose presente em todas as paredes destas fibras é um polissacárido de cadeia curta, ramificado e dobrado sobre si próprio. É o componente responsável pela elasticidade das fibras e permite o alongamento das paredes durante o crescimento [14].

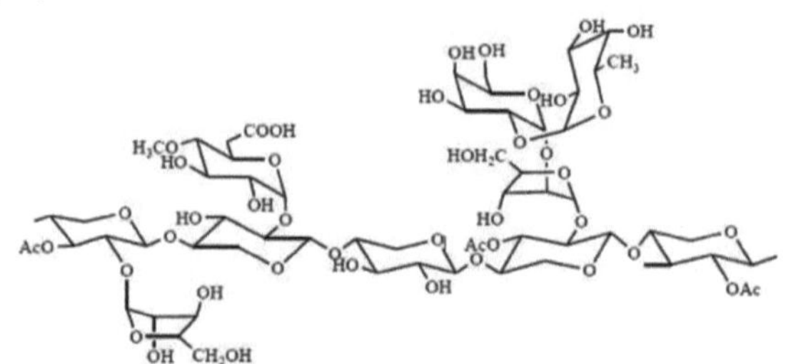

Figura III.5: Estrutura molecular da hemicelulose [15].

C. Lignina

A lenhina é a cola que une as fibras vegetais e as suas paredes. Trata-se de um polímero tridimensional derivado da copolimerização de três álcoois fenilpropenóicos **[14]**.

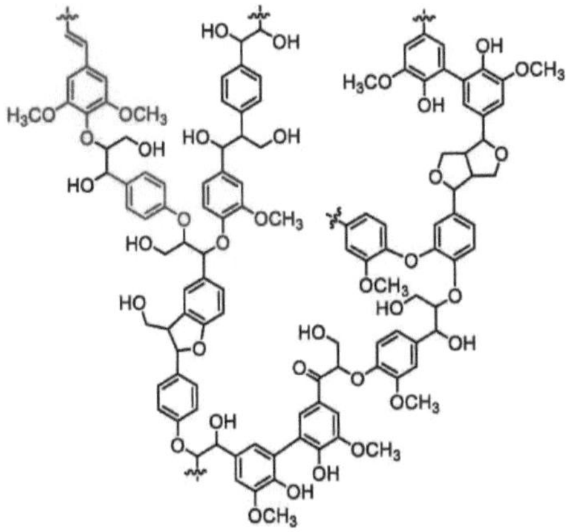

Figura III.6: Estrutura molecular da lenhina.

III.4.5 Propriedades físicas e mecânicas das fibras vegetais

As propriedades mecânicas das fibras vegetais são determinadas pelas caraterísticas intrínsecas destas fibras (composição química, celulose, hemicelulose, lenhina e pectinas, estrutura das fibras, secção transversal, porosidade, ângulo das microfibrilhas, fator de forma, relação comprimento/diâmetro, etc.), por caraterísticas antropogénicas ou por caraterísticas independentes e variáveis (teor de humidade, localização das fibras no caule, defeitos naturais, condições de crescimento, etc.). As propriedades mecânicas, como o módulo de Young (GPa), a tensão na rutura (MPa), o alongamento na rutura (%) e as fontes, são influenciadas por muitos factores, incluindo a origem da planta, a variedade, o crescimento e a colheita **[17]**.

Tabela III.1: Propriedades físico-mecânicas de várias fibras naturais **[18].**

Fibra	Resistência à tração (MPa)	Módulo d'Young(GPa)	Alongamento à rotura % (mm)	Densidade (g/cm)3
Abacá	400	12	3-10	1.5
Linho	345-1035	27.6	2.7-3.2	1.5
Cânhamo	690	70	1.6	1.48
Juta	393-773	26.5	1.5-1.8	1.3
Kénaf	930	35	1.6	-
Sisal	511-635	9.4-22	2.0-2.5	1.5
Ramie	560	24.5	2.5	1.5
Ananás	400-627	1.44	14.5	0.8-1.6
Coco	175	4-6	30	1.2

III.4.6 Vantagens e desvantagens das fibras vegetais.

Algumas das vantagens e desvantagens das fibras vegetais são **enumeradas no Quadro III.2.**

Quadro III.2: Vantagens e desvantagens das fibras vegetais **[19].**

BENEFÍCIOS	DESVANTAGENS
-baixo custo. -Biodegradabilidade. Neutro em termos de CO2. -Não há irritação da pele quando exposta a manuseamento das fibras. -Não há resíduos após a incineração. -Recurso renovável. -Requer pouca energia para funcionar produzido. -Propriedades mecânicas muito específicas (resistência e rigidez). -Bom isolamento térmico e acústico	-Absorção de água. -Baixa estabilidade dimensional. -Baixa resistência térmica (200 a 230°C máx.) -Fibras anisotrópicas. -Variação da qualidade em função do local de cultivo, das condições climatéricas -Para aplicações industriais a pedido gestão de stocks. -Reforço descontínuo.

III.5   O enchimento vegetal utilizado (pó de folhas de cato espinhoso)

III.5.1O cato espinhoso

III.5.1.1 Origem

O habitat original desta planta remonta ao México e, atualmente, encontra-se disseminada em muitos países da bacia mediterrânica. Os cientistas contam mais de 1600 variedades de cactos e a planta do cato pode resistir à seca e sobreviver com menos de 50 milímetros de chuva por ano.

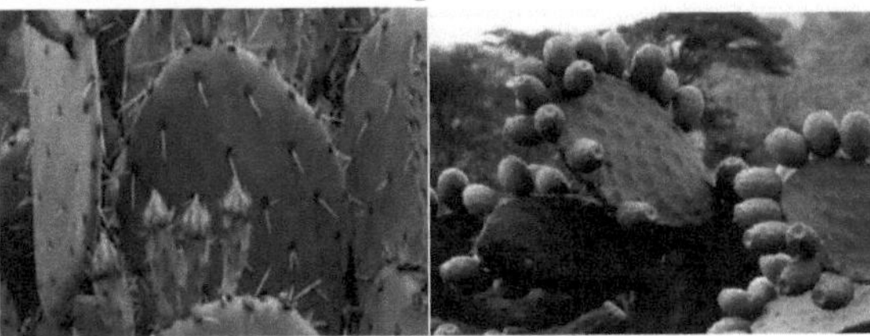

Figura III.7 : O cato espinhoso.

III.5.1.2 Definição

O cato espinhoso é uma planta oleaginosa com um caule de altura média, rico em sumos, entre 1,5 e 3 metros, em forma de palete ou coluna. Os frutos e as folhas do cato espinhoso são ricos em fibras, vitaminas, minerais e antioxidantes. Tem também propriedades anti-colesterol e anti-inflamatórias.

Figura III.8: A folha do cato espinhoso.

III.6. Conclusão

As fibras naturais estão agora a tornar-se uma alternativa atractiva às fibras sintéticas devido ao seu valor indefinido (por unidade de peso). Têm sido utilizadas para desenvolver vários compósitos baseados em matrizes termoendurecíveis e termoplásticas. Como em qualquer compósito, as suas propriedades mecânicas, térmicas e físicas dependem das propriedades da matriz e do reforço, bem como da carga de fibra, da fonte de fibra e do processo.

Referências :

[1] A. Y. Nenonene. Elaboração e caraterização mecânica de painéis de partículas de caule de kenaf e bioadesivos à base de cola de osso, tanino ou mucilagem. Tese de doutoramento. Toulouse - Universidade Jean Jaures, 2009.
[2] https://youmiwi.com/blogs/youmiwi/une-fibre-naturelle-c-est-quoi.

[3] Omiri imen Yamina, "O efeito do tratamento com fibras naturais no dano de um betão polímero", tese de mestrado, universidade de msila, 2014/2015.

[4] F. Laurans, A. Déjardin, J. Pilate. Fisiologia da formação das paredes das fibras de madeira.

Adv. Compos. Mater. 2006, 16, p. 27-39.

[5] Mostar Abdessamed, "influence des ajouts de fins minérales sur les performances mécaniques des bétons renforcé de fibre végétales de palmier dattier", Universidade Kasdi Merbah, Ouargla, opção de engenharia civil, novembro de 2006.
[6] SWAMY, R. H. S, AHUJA, B. M, KRISHAMOORTHY, S? Comportamento do betão reforçado com fibras de juta, coco e bambu. Revista internacional de compósitos de cimento e betão leve, volume 5, p 13 N°1, 1984.
[7] COUTTS, R.S.P., Flax fibers as a reinforcement in cement mortar, the International journal of cement composites and lightweight concrete, vol.5 N°4, pp 257-262, 1983.
[8] KRIKER. A. Caractérisation des fibres de palmier dattier et propriétés des bétons et mortiers renforcés par ces fibres en climat chaud et sec. Tese de doutoramento, ENP, Argel, 2005
[9] BLEDZKI, A. K e GASSAN. J? Composites reinforced with cellulose based fibers ELSEVIER, Progress in Polymer science, volume 24, pp.221-274, 1999.

[10] https://textileaddict.me/les-fibres-naturelles/

[11] Brosse N. **"Fibres, fibrous materials and eco-materials".** Conferência

Canadiana sobre Inovação em Bioprodutos Industriais (BOIP), apresentação em Power Point, (2008).

[12] E. Bodros, C. Baley. Etude des propriétés de biopolymer renforcés par des fibres de lin aléatoirement dispersées dans le plan de stratification", properties at interfaces and composites. Universidade de Bretagne-Sud, 2006.

[13] M. Nardin. Interface fibra-matriz em materiais compósitos - aplicação a fibras vegetais. Adv. Compos. Mater, 16, p. 49-61, 2006.

[14] **Mokhtari Abdessamed** (Influence des ajouts de fines minérales sur les Performances Mécaniques des Bétons Renforcés de Fibres Végétales de Palmier dattier) tese de mestrado, Universidade de Kasdi Merbah Ouargla, 2006.

[15] M.saiful Islam. A influência do processamento e tratamento de fibras em compósitos de fibra de cânhamo/epóxi e fibra de cânhamo/PLA. Tese de Doutoramento - Universidade de Waikato, Hamilton, Nova Zelândia, 2008.

[16] Monot, Claire. Contribuição para o estudo dos complexos lenhina-carbohidratos (LCC) na madeira. Estudo do impacto das diferentes etapas de um processo de bio-refinaria sem enxofre sobre os LCC. S.l. : univérsité Grenoble alpes, 2015.

[17] Martin N.A.M, Contribution à l'étude de paramètres influençant les propriétés mécaniques de fibres élémentaires de lin : Correlation avec les propriétés de matériaux composites, phd Thesis, Université de Bretagne Sud, 2014.

[18] O. Faruk, A.K. Bledzki, H.P. Fink, M. Sain. **"Bio compósitos reforçados com fibras naturais".** Progresso na ciência dos polímeros, 37, 1552-1596, (2012).

[19] Talal, B. Utilização de um método ótico sem contacto para descrever o comportamento mecânico de compósitos de madeira/plástico 'WPC'. Tese de doutoramento da Universidade de Pau e do Pays de l'Adour, 2011

CAPÍTULO IV
MATERIAIS E MÉTODOS

IV.1 Introdução

Nesta secção, centramo-nos essencialmente na apresentação dos diferentes materiais utilizados neste estudo. Por outro lado, é apresentado o processo de preparação e tratamento das matérias-primas, bem como o protocolo de processamento utilizado no fabrico dos compósitos. Este capítulo inclui ainda os principais métodos utilizados para a caraterização dos compósitos preparados.

IV.2 Materiais utilizados

IV.2.1 Resina

O polietileno utilizado neste estudo é o PEAD de referência 5502 produzido pela unidade POLYMED CP2/K na zona industrial de Skikda. Este PEAD é obtido por polimerização catalisada à base de óxido de crómio, segundo o processo Philips e a baixas pressões. As suas principais caraterísticas são **apresentadas no Quadro IV.1**:

Tabela IV.1: Principais caraterísticas do HDPE 5502 [1].

Caraterísticas	Métodos	Valores
Índice de fluidez (2,16Kg/190°C)	ASTM D1238	0,35g/10min
Densidade (23°C)	ASTM D1505	0,955g/10min
Dureza, shore D	ASTM D2240	67
Resistência à tração a Rutura (50mm/min)	ASTM D 638	28 MPa
Alongamento na rutura (50mm/min)	ASTM D 638	>600%
Módulo de flexão	ASTM D 790	1200 MPa
Temperatura de fusão	-	194 a 216°C

IV.2.2 A carga utilizada

O pó de folhas de cato espinhoso PFCE é o material de enchimento utilizado na preparação dos compósitos e foi recuperado através da moagem de folhas secas de cato espinhoso.

Figura IV.1: A folha do cato espinhoso.

IV.2.2.1 Preparação do pó de folhas de cato espinhoso:

O pó de enchimento utilizado foi preparado a partir de folhas de cactos espinhosos nas seguintes etapas: em primeiro lugar, todos os espinhos das folhas de cactos foram removidos com uma escova e, em seguida, após a extração do gel encontrado no interior, as folhas de cactos espinhosos foram cortadas em pequenos pedaços e lavadas várias vezes com água destilada. As folhas foram então secas sob irradiação solar até que todos os vestígios de água fossem removidos. Os pedaços de folhas foram recuperados e triturados com um pequeno almofariz até se obter um pó fino. Finalmente, o pó moído obtido foi passado através de um peneiro de farinha com um diâmetro < 180µm. Todas as etapas estão representadas na **Figura IV.2.**

Figura IV.2: Etapas da preparação do pó de PFCE.

IV.2.3 Preparação de materiais compósitos :

No presente estudo, foram preparadas várias formulações à base de polietileno com níveis de pó de folhas de cato espinhoso que variavam entre 0%, 5%, 15% e 25%. As quantidades de HDPE e PFCE necessárias são apresentadas na **Tabela IV.2**.

Tabela IV.2: Composição das diferentes formulações.

Formulações (%) (PEAD/PFCE)	PEAD(g)	PFCE(g)
F0 (100/0)	150	0
F1 (95/5)	142.5	7.5
F2 (85/15)	127.5	22.5
F3 (75/25)	112.5	37.5

Em primeiro lugar, e como primeiro passo, cada formulação de compósitos HDPE/PFCE é colocada numa garrafa selada e misturada até que a mistura se torne homogénea.

Figura IV.3: O frasco de mistura.

IV.2.3.1 Mistura

Os compósitos foram preparados num misturador de dois cilindros (calandra) fabricado pela IQAP LAP na unidade CP2K Skikda, com uma velocidade de rotação de 32 rpm. A temperatura foi fixada em 170°C, com um tempo de mistura de 10 min. Foram recuperadas as folhas de compósito com 1 mm de espessura que serão utilizadas para preparar os provetes através do processo de moldagem por compressão.

Figura IV.4: Mistura de HDPE com PFCE no misturador.

IV.2.3.2. Retificação

As folhas obtidas foram cortadas em pequenas tiras.

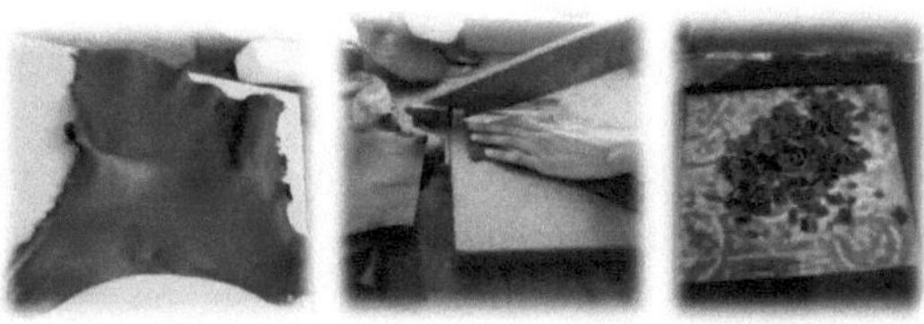

Figura IV.5: A folha cortada em pequenos pedaços (foto original) [3].

IV.2.3.2. Moldagem por compressão

As películas obtidas por calandragem são cortadas em pequenos pedaços e depois inseridas entre duas folhas de teflon isolante ensanduichadas entre duas placas de metal numa prensa CARVER. Em seguida, foram aquecidas a 190°C durante um período de permanência de 15 minutos. Foram obtidas diferentes formas de amostras de 3 mm de espessura, que serão objeto de diferentes caraterísticas.

Figura IV.6: A prensa hidráulica.

Figura IV.7: Preparação dos provetes de ensaio.

IV.3 Técnicas de caraterização

Esta secção descreve as diferentes técnicas utilizadas para a caraterização física e mecânica dos materiais produzidos.

IV.3.1 Caracterização física

IV.3.1.1 Densidade

A massa volúmica a 23° é medida pela técnica da coluna de massa volúmica com gradiente, utilizando o equipamento CEAST tipo 6001, em conformidade com a norma ASTM D-1505. As amostras a analisar podem ser cortadas em qualquer forma e devem ter dimensões que permitam a posição mais exacta.

Deve-se ter o cuidado de cortar as amostras a partir do centro de gravidade de um círculo preenchido com uma espessura de 2 mm, já moldado com uma prensa hidráulica. As amostras, lavadas com isopropanol, são então introduzidas na coluna e as suas alturas são traçadas de modo a determinar os valores médios da densidade em três ensaios [3]. Os valores de densidade para cada amostra foram calculados através da seguinte fórmula:

Densidade (a 23°C) = (Y/Z)*(B-A) +A(IV.1)

Ou :

Y: distância entre a amostra e o flutuador de baixa densidade.

Z: distância entre os dois flutuadores.

A: densidade da parte superior 1er float.

B: densidade de 2eme flutuador inferior.

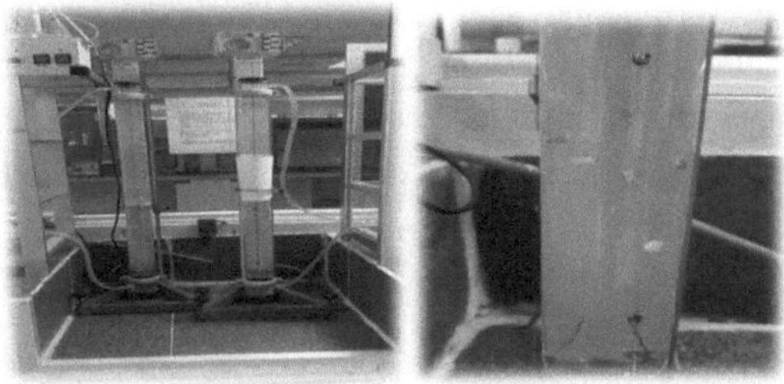

Figura IV.8: Princípio do ensaio de densidade [3].

IV.3.1.2 Ensaio de absorção de água

As amostras são secas numa estufa de vácuo a 100°C durante 4 horas, sendo depois imersas num copo cheio de água destilada à temperatura ambiente. São colhidas amostras periódicas a cada 24 horas, a água na superfície da amostra é absorvida com papel absorvente e a amostra é pesada novamente [3]. A massa seca da amostra após imersão em água é definida pela seguinte relação :

Taxa de absorção de água (%) = (Mt- M0) / M0 ×100   (IV.2)

M0: massa da amostra seca

Mt: massa da amostra após absorção

IV.3.2 Caracterização mecânica

IV.3.2.1 Ensaio de tração

Os ensaios de tração são normalmente utilizados para determinar o comportamento mecânico dos materiais. Em primeiro lugar, é exercida uma força de tração num cilindro de um determinado comprimento, uma vez que os resultados do ensaio são influenciados pela exatidão da medição das dimensões do provete, até que este se parta. Em seguida, registando a força F aplicada ao provete pela máquina de tração e o seu alongamento progressivo. Os ensaios de tração são realizados com uma máquina universal de ensaios de tração do tipo TesT GMBH.
- O ensaio é efectuado à temperatura ambiente (laboratório).
-A velocidade de deformação é fixada em 20 mm/min.
Este teste pode ser utilizado para determinar uma série de quantidades normalizadas, incluindo
a) Módulo de elasticidade: É a relação entre a tensão máxima de tração que um material pode suportar e a deformação correspondente à sua rigidez [4]. É expresso da seguinte forma:
$$E = a / t: (IV.3)$$

Com :
E: módulo de elasticidade
a: tensão (N/m^2)
r: alongamento ou deformação (%)

b) Tensão na rotura: A carga de tração suportada pelo provete no momento da rotura por unidade de área, dada pela seguinte expressão **[4]**.
$$a = F / S (IV.4)$$
F : carga de tração suportada pelo provete (N).

S: secção transversal inicial (m^2).

c) Alongamento na rotura: ou deformação na rotura, é a variação do comprimento em relação ao comprimento inicial **[4]**, expressa em percentagem.
$$t: = (AL / L0)*100(\%) \ (IV.5)$$

L0: comprimento inicial do provete.
L: comprimento final do provete.

Com :

AL = L - L0 (IV.6)

d) O limite elástico: é o primeiro valor de carga na curva tensão-deformação, no qual a inclinação da curva se torna oriental.

Figura IV.9: O aparelho de ensaio de tração.

IV.3.3 Caracterização morfológica por microscopia ótica

Para estudar a morfologia dos materiais e verificar a dispersão das fibras nos materiais compósitos, é utilizada a microscopia ótica para fotografar a superfície das películas obtidas. O equipamento utilizado é um microscópio ótico OPTIKA Microscopes ITALY.

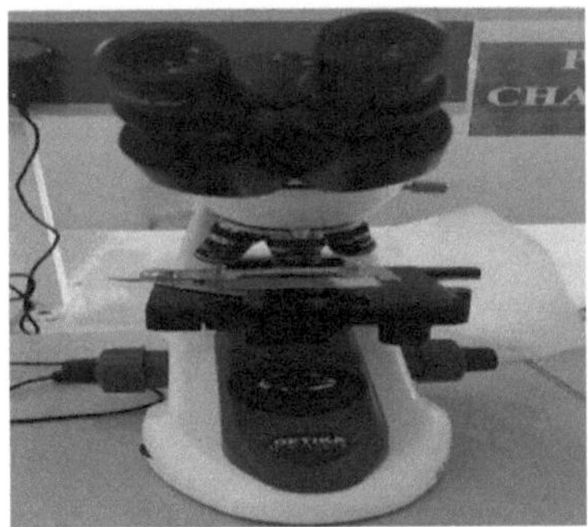

Figura IV.10: Equipamento de microscopia ótica.

Referências :

[1] Atamnia Amira e Benzedira Hadjer, (Etudes et valorisation d'une fibre biodégradable dans le domaine des composites), tese de mestrado em petroquímica e processos poliméricos, université 20 Aout 1955 Skikda, 2017.

[2] MERAREB Imen e LEKHCHINE Souheyr. "Elaboração e caraterização de um material compósito com carga vegetal (pó de casca de noz)". Tese de mestrado em Engenharia de Polímeros, Université 20 aout 1955 SKIKDA 2019.

[3]BOUREGA Sabrina e LOUCHI Soumaya. "O efeito da incorporação de um enchimento vegetal (Cypress) nas propriedades do HDPE". Tese de mestrado em Engenharia de Polímeros, Université 20 aout 1955 Skikda, 2019.
[4] Método de ensaio, www.ulttc.com/fr/prestations/methodes-d'essai/mécanique/shore-a-et- shore-d.html .

CAPÍTULO V
RESULTADOS E DEBATES

V.1 Introdução

Esta parte do projeto abrange os principais resultados obtidos. São discutidas as caraterísticas mecânicas, físicas e morfológicas dos compósitos HDPE/PFCE preparados com diferentes proporções de carga.

V.2 Estudo físico

IV.2.1 Densidade

As propriedades físicas das amostras sintetizadas são estudadas através da medição da densidade de cada uma delas. Os valores obtidos são apresentados no quadro seguinte:

Tabela V.1: Valores de densidade para os compósitos HDPE/PFCE.

Taxa de carga (%)	0%	5%	15%	25%
Densidade	0.9541	0.9418	0.9326	< 0.93

Os resultados mostram que a densidade dos materiais compósitos é significativamente mais baixa do que a da matriz pura. A adição de uma fase orgânica vegetal (luz) ao polímero leva a uma redução da densidade. A diminuição da densidade em função do aumento da taxa de carga pode ser explicada pela ocupação do volume livre por partículas menos densas.

V.2.2 Ensaio de absorção de água

A fim de avaliar a taxa de absorção de água dos materiais compósitos preparados, foram efectuados ensaios com os seguintes materiais.
Os resultados dos ensaios são apresentados na **Figura V.1.**

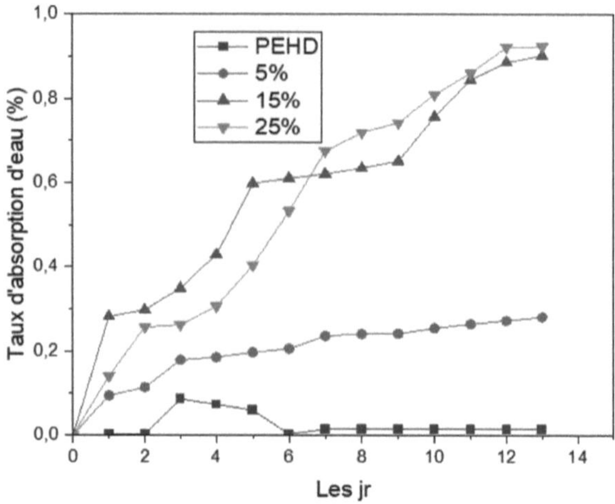

Figura V.1: Evolução da taxa de absorção de água do PEAD puro e dos compósitos
PEAD/PFCE.

Os resultados mostram que a taxa de absorção de água dos compósitos depende diretamente do tempo de experiência. A taxa de absorção de água aumenta à medida que a percentagem da carga aumenta no compósito. Uma taxa muito elevada de absorção de água é observada no material compósito HDPE/PFCE com 25% de fibra vegetal. No caso do HDPE puro, foi absorvida muito pouca água em comparação com os compósitos HDPE/PFCE preenchidos com pó de cato, confirmando a natureza hidrofílica do material de enchimento.

V.3 Estudo do efeito das taxas de carga nas propriedades mecânicas dos compósitos HDPE/PFCE

V.3.1 Propriedades mecânicas dos compósitos obtidas por ensaio de tração

a) Tensão máxima (ponto de cedência)

O limite de elasticidade é a tensão a partir da qual um material deixa de se deformar de forma a provocar a sua rutura. elástico, reversível e, portanto, começa a deformar-se de forma irreversível.

A Figura V.2 mostra a variação da tensão máxima em função da taxa de carga do PFCE.

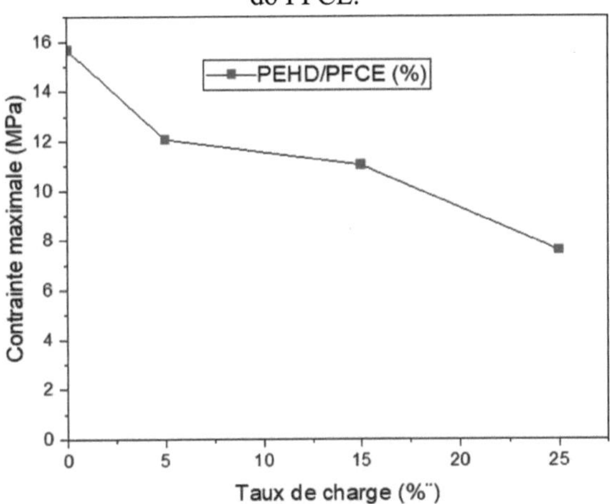

Figura V.2: Variação da tensão máxima no domínio elástico em função da taxa de carga do PFCE.

Os dados apresentados nesta figura mostram uma diminuição da tensão máxima em função do aumento da percentagem de PFCE. Pode dizer-se que as misturas perderam a sua elasticidade e ganharam rigidez com a introdução das partículas rígidas de PFCE; esta diminuição também se deve ao facto de a carga de PFCE ser incompatível com o HDPE.

b) Stress nas pausas

Os resultados da tensão na rotura são apresentados na **Figura V.3.**

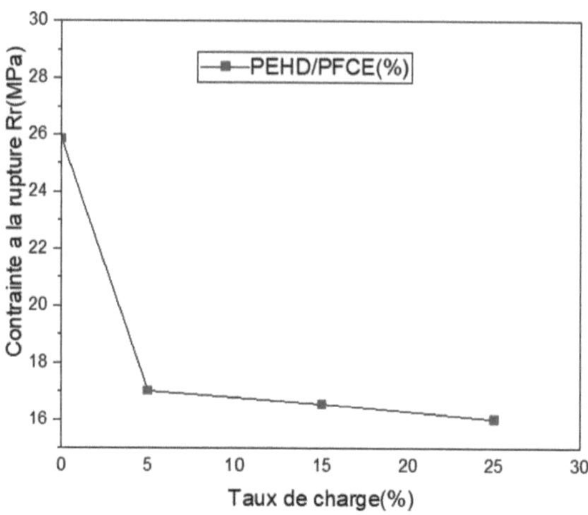

Figura V.3: Variação da tensão na fratura dos compósitos HDPE/PFCE em função de

Os resultados mostram que o teor de carga do PFCE tem influência nas propriedades mecânicas dos materiais compósitos. A diminuição da tensão de rutura em função do aumento da percentagem de carga de PFCE indica um aumento da rigidez do nosso material. Uma menor tensão de rotura significa uma menor resistência mecânica do material compósito. Isto deve-se, de facto, à fraca dispersão das partículas de carga vegetal na matriz de PEAD.

c) Deformação na rotura (alongamento na rotura)

Esta caraterística define a capacidade de um material para se alongar antes da rotura quando carregado em tensão. Os resultados da deformação até à rotura dos compósitos HDPE/PFCE em função do teor de carga são apresentados na **Figura V.4.**

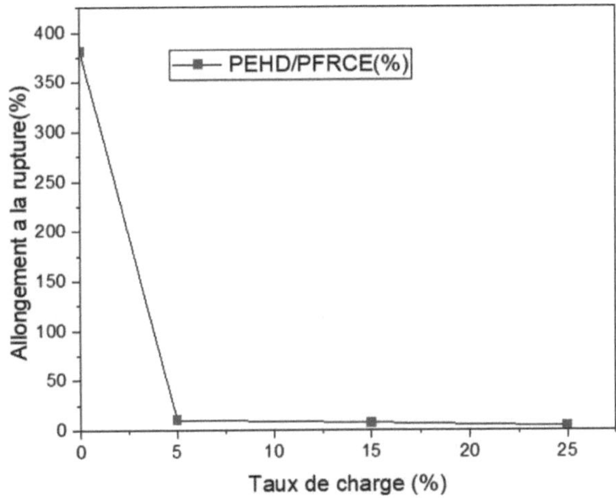

Figura V.4: Variação do alongamento na rotura dos compósitos HDPE/PFCE em função da taxa de carga PFCE.

Os dados mostram que o alongamento na rutura das amostras é reduzido quando o teor de fibras orgânicas é aumentado, o que significa que o material se tornou mais rígido com a adição deste material de enchimento, perde a sua flexibilidade e a sua resistência ao impacto aumenta devido ao efeito das partículas de enchimento que tornam o material rígido.

d) Módulo de Young (módulo de elasticidade)

O módulo de Young é o declive inicial da curva tensão-deformação. Os resultados do módulo de elasticidade dos compósitos HDPE/PFCE em função da taxa de deformação são apresentados na **Figura V.5.**

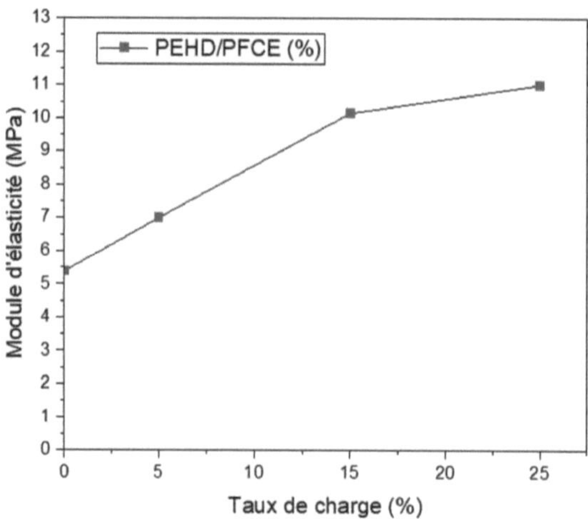

Figura V.5: Variação do módulo de elasticidade (MPa) em função da taxa de carga PFCE.

A Figura V.5 mostra que as propriedades elásticas são afectadas pelo teor de matéria orgânica adicionado. O aumento do módulo de elasticidade é proporcional ao aumento do teor de carga de PFCE, pelo que a presença do pó no compósito HDPE/PFCE aumenta o módulo de Young em comparação com o HDPE puro. Este compósito torna-se mais rígido e perde a sua elasticidade, e a sua resistência ao impacto também aumenta, devido à ação das partículas de carga, que tornam o material sólido.

V.4 Morfologia por microscopia ótica

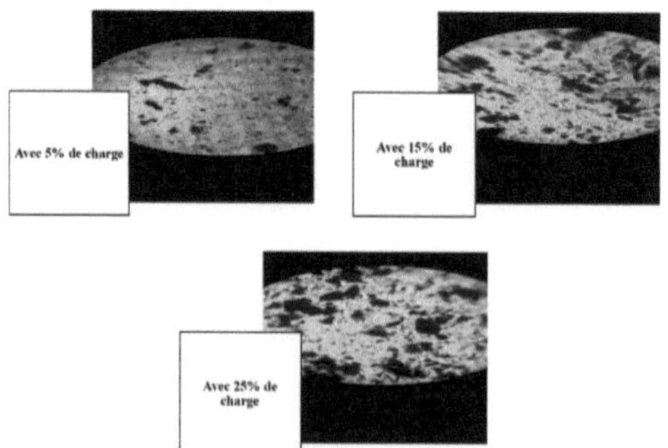

Figura V.6: A morfologia dos compósitos HDPE/PFCE em diferentes taxas de carga.

A partir da **Figura V.6**, podemos ver que os aglomerados formados pelas partículas de carga aumentam com o aumento da taxa de carga devido à fraca dispersão das partículas de carga vegetal na matriz de HDPE. O fenómeno de aglomeração é devido à natureza da carga hidrofílica numa matriz hidrofóbica.

V.5 Conclusão

De todos os resultados, pode concluir-se que a adição de pó de folha de cato espinhoso tem pouco efeito nas propriedades do HDPE. Isto deve-se à fraca dispersão das partículas de carga de PFCE na matriz de HDPE e à ausência total de interações entre a carga e a matriz.

CONCLUSÃO GERAL

O principal objetivo deste estudo foi desenvolver e preparar novos materiais compósitos à base de uma fibra vegetal (folha de cato), variando a percentagem desta carga orgânica (0%, 5%, 15% e 25%), a fim de estudar os seus efeitos nas propriedades do PEAD, tais como propriedades físicas (densidade, absorção de água), propriedades mecânicas (ensaio de tração) e caraterísticas morfológicas. Os resultados dos vários métodos de caraterização permitiram-nos tirar as seguintes conclusões: a análise da densidade mostra que o seu valor diminui com o aumento do teor de carga (0,9541, 0,9418, 0,9326 e <0,93 para 0, 5, 15 e 25%, respetivamente), o que pode ser explicado pela ocupação do volume livre por partículas menos densas.

- A taxa de absorção de água é proporcional ao aumento da percentagem de carga no compósito, com o HDPE/PFCE a 25% a apresentar uma elevada taxa de absorção.

- A diminuição da tensão máxima em função do aumento da taxa de carga.

- Diminuição da tensão na fratura em função do aumento da taxa de carga orgânica.

- A diminuição do alongamento na rutura em função do aumento da taxa de fibra vegetal.

- O aumento do módulo de elasticidade é proporcional ao aumento da taxa de carga do PFCE.

- Os aglomerados formados pelas partículas de enchimento aumentam com o aumento da taxa de carga.

PERSPECTIVAS

A fim de prosseguir e desenvolver este trabalho, formulámos as seguintes
perspectivas:
- Tratamento químico das cargas utilizadas (modificação da superfície da fibra).
- O estudo das propriedades reológicas e térmicas.

- O estudo das propriedades térmicas por Calorimetria Exploratória Diferencial
(DSC) e análise termogravimétrica (TGA).
- A utilização de um agente contabilístico, como o anidrido maleico de
polietileno (PE- g-MA).
- Estudar o envelhecimento de compósitos à base de fibras lignocelulósicas com
diferentes taxas de carga.

I want morebooks!

Buy your books fast and straightforward online - at one of world's fastest growing online book stores! Environmentally sound due to Print-on-Demand technologies.

Buy your books online at
www.morebooks.shop

Compre os seus livros mais rápido e diretamente na internet, em uma das livrarias on-line com o maior crescimento no mundo! Produção que protege o meio ambiente através das tecnologias de impressão sob demanda.

Compre os seus livros on-line em
www.morebooks.shop

Printed by Books on Demand GmbH, Norderstedt / Germany